„Gut, dass Sie da sind!"

Arbeitsheft zum Buch „Wertschätzung im Betrieb"

„Gut, dass Sie da sind!"

Arbeitsheft zum Buch
„Wertschätzung im Betrieb"

Bibliografische Information der Deutschen Nationalbibliothek

Die Deutsche Nationalbibliothek verzeichnet diese Publikation in der Deutschen Nationalbibliografie; detaillierte bibliografische Daten sind im Internet über http://dnb.d-nb.de abrufbar.

Für alle, die die Wertschätzung im Betrieb voranbringen wollen.

Und ganz besonders für meine Eltern.
Es ist nämlich sehr gut, dass sie da sind.
Ohne ihre liebevolle Erziehung und wertschätzende
Unterstützung gäb's diese Bücher nicht.

Impressum

© 2011 Anne Katrin Matyssek

Herstellung und Verlag: Books on Demand GmbH, Norderstedt

ISBN: 978-3-8423-5961-1

Inhaltsübersicht

Herzlich willkommen!

Sie sind eingeladen worden (vermutlich von einem netten Menschen), um gemeinsam mit Ihren Kolleginnen und Kollegen die Wertschätzung in Ihrem Unternehmen voranbringen? Gratuliere! Sie können das! Sie sind einer von den Guten ☺ Es ist meine feste Überzeugung, dass sich die Kultur in einem Unternehmen nur dann wertschätzender gestalten lässt, wenn einzelne Menschen damit beginnen, sich wertschätzend zu verhalten und andere damit anzustecken. Und Sie gehören offenbar dazu!

Ich wünsche mir, dass Sie in diesem Arbeitsheft viele praxisnahe Anregungen finden, um das Miteinander in Ihrem Unternehmen ein kleines bisschen wertschätzender zu gestalten. Denn mit jedem noch so kleinen Bausteinchen, das jeder noch so kleine Kulturträger in den Betrieb einbringt, verändert sich ein winzig kleines bisschen eben dieser Kultur.

In das Buch, das diesem Arbeitsheft zugrunde liegt, sind meine Erfahrungen eingeflossen aus zahlreichen Workshops, Vorträgen, Impuls- und Multiplikatorenveranstaltungen sowie Führungskräfte-Seminaren zum Thema „Wertschätzung im Betrieb". Die Spanne der Kunden reichte von Behörden über metallverarbeitende Betriebe bis zu Unternehmen der Telekommunikationsbranche. Es gab dabei zwischen 8 und 150 Teilnehmende. Die Veranstaltungen dauerten zwischen 30 Minuten und zwei Tagen. Es ist also ein ziemlich großer Schatz an Erfahrungen, auf den ich zurückgreifen konnte.

Auch in diesem Arbeitsheft verzichte ich wegen der leichteren Lesbarkeit meistens auf die Nennung der weiblichen Form (Mitarbeiterinnen, Chefinnen) – das ist nicht böse gemeint. Natürlich beziehen sich sämtliche Inhalte gleichermaßen auf Frauen wie Männer.

Wenn im Heft steht „FÜR CHEFS", so meint dies spezielle Inhalte für Führungskräfte-Veranstaltungen. Ganz sicher können auch Menschen ohne Leitungsfunktion davon profitieren, aber Führungskräfte sollten diesen Fragen – zumindest bei der Langfassung der Veranstaltung – unbedingt ein bisschen Zeit widmen.

Viel Erfolg bei Ihrem Einsatz für ein gesundes Miteinander im Betrieb und eine wertschätzende Unternehmenskultur wünscht Ihnen (und den Menschen, die mit Ihnen zusammen arbeiten) von Herzen

Ihre Anne Katrin Matyssek

Köln, im Mai 2011

Bitte beachten Sie:

Dies ist das Arbeitsheft zum Buch „Wertschätzung im Betrieb. Impulse für eine gesündere Unternehmenskultur" (ISBN: 978-3-8423-4665-9; im Buchhandel erhältlich für 22,90 € in D). Teile des Arbeitshefts sind nur verständlich, wenn man die entsprechenden Passagen des Buches kennt bzw. die Inhalte vermittelt. Gleiches gilt für die im Arbeitsheft gezeigten Folien.

Wertschätzung: Ein Gesundheits- und Produktivitätsfaktor

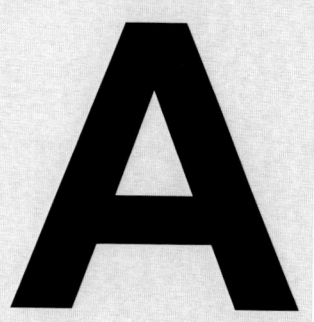

A

*Ohne Sie
wär's hier schlecht!*

Ja, das ist prima, dass Sie sich für das Thema „Wertschätzung im Betrieb" interessieren! Solche Menschen werden gebraucht. Sie verbessern das Arbeitsklima und sorgen für mehr Wohlbefinden im Job. Allein schon die Auseinandersetzung mit dem Thema führt bei den meisten Menschen dazu, dass sie wertschätzender mit einander umgehen. Sie werden es spätestens am Ende der Veranstaltung selber feststellen können. ☺

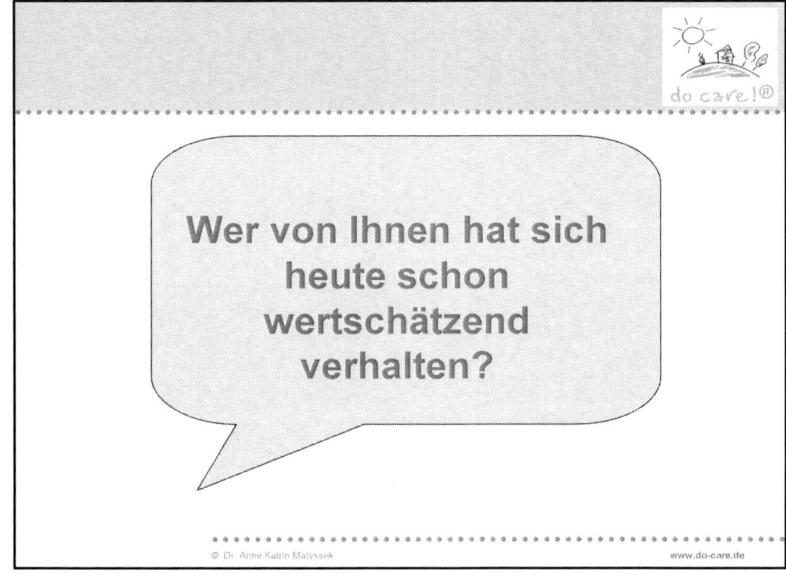

Alle. Auch Sie, wetten? Der Mensch, der diese Veranstaltung leitet, wird Ihnen erklären, was es damit auf sich hat. Wenn Sie sich dazu Notizen machen wollen (damit Sie es wirklich nicht mehr vergessen und sich vielleicht sogar noch öfter so verhalten): Hier ist Platz!

....

....

....

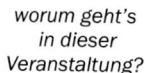
Bestimmt möchten Sie wissen, worum es in dieser Veranstaltung geht. Daher sehen Sie auf dieser Seite eine Übersicht über die vier Themen, die eine Rolle spielen werden.

worum geht's in dieser Veranstaltung?

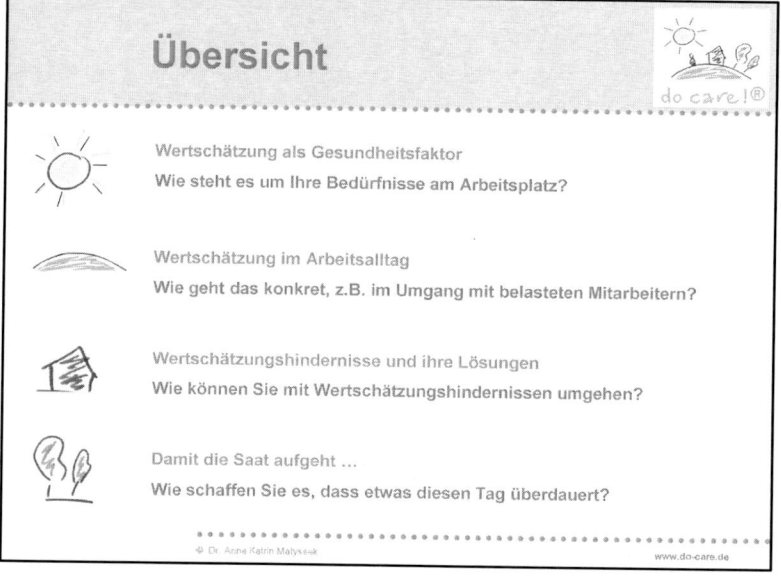

Wertschätzung beinhaltet eine positive Perspektive, quasi den Blick aufs Gute. Man legt das Augenmerk auf das, was einem etwas wert ist und was man fördern möchte. So betrachtet liegt Wertschätzung nah dran an einer Haltung der Dankbarkeit: Man erkennt wohlwollend an, was ist. Zugleich setzt man durch die Wahl dieser Perspektive eine salutogene (gesundheitsförderliche) Entwicklung in Gang. Denn das, worauf Menschen ihre Aufmerksamkeit richten, wird verstärkt (Rosenthal-Effekt).

Blick aufs Gute (focus on the good stuff)

Welchen der folgenden Sätze stimmen Sie zu?   * Auflösung auf Seite 10

Nur was wir schätzen, wird zum Schatz. ❏

Einen Menschen in seinen Fähigkeiten, Bedürfnissen und Leistungen wahrnehmen, das Positive an ihm entdecken und in ihm wecken – die wohlwollende Betrachtung des anderen in seiner Einzigartigkeit: Das ist Wertschätzung. ❏

Wenn die Haltung stimmt, stimmt auch das Verhalten. ❏

*Skalieren Sie
Ihre Stimmung!*

Angenommen, Sie könnten Ihre Stimmung messen, und zwar auf einer Skala von 0 bis 1.052 (Null heißt: „mir ging's nie mieser", und 1.052 heißt: „mir ging's nie besser"), wie viele Punkte würden Sie dann Ihrer aktuellen Stimmung geben? Sie brauchen das nicht laut zu sagen, sollten sich bitte aber die Zahl merken.

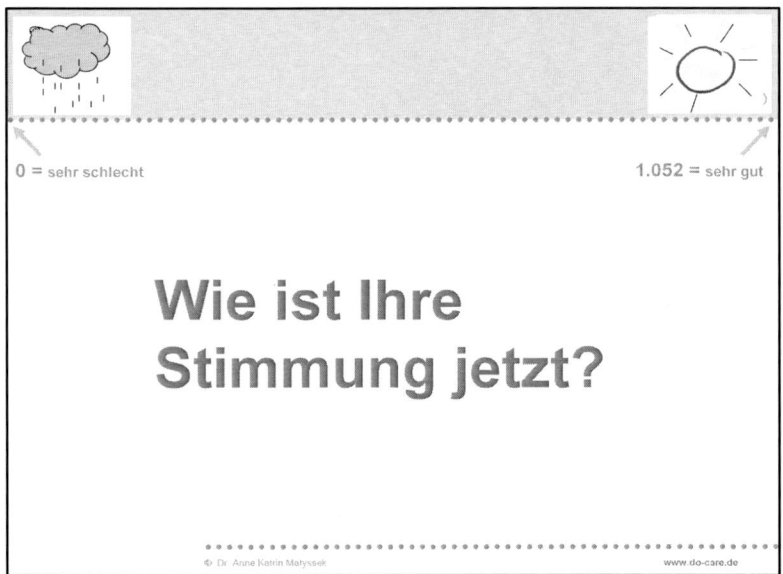

0 = sehr schlecht   1.052 = sehr gut

Wie ist Ihre Stimmung jetzt?

© Dr. Anne Katrin Matyssek   www.do-care.de

Der Wert für Ihre aktuelle Stimmung liegt bei: _____

*welche Rolle spielt die
Stimmung?*

Sie können gern jetzt schon überlegen, warum die Stimmung eine Rolle spielt, wenn man über das Thema Wertschätzung spricht.

* Auflösung zu den Fragen auf Seite 9:

Sie ahnen es vermutlich schon – es gibt da kein richtig oder falsch. Letztlich ist die Definition aber auch nicht so wichtig (im Buch finden Sie natürlich eine: auf den Seiten 13 und 14; nach dieser Definition wären alle drei Aussagen „richtig"; und hier im Heft finden Sie im Kapitel B.1 eine vereinfachte Arbeitsdefinition). Wichtiger ist, dass man sich in Ihrem Betrieb überhaupt zu dem Thema austauscht. Engen Sie also den Begriff nicht unnötig ein. Wenn Ihnen der Ausdruck zu altmodisch oder zu moralisch klingt, verwenden Sie stattdessen neutral wirkende Bezeichnungen wie „positives Feedback", „Bestätigung", „konstruktiver Umgang".

A.3   Worauf sind Sie stolz?

Vielleicht haben Sie sich schon im Vorfeld dieser Veranstaltung ein paar Gedanken gemacht zu den Fragen:

Was können Sie über sich selbst Anerkennendes / Nettes sagen?

(für Anfänger: Was würden Sie sagen, wenn Sie unbedingt etwas sagen MÜSSTEN?)

weg mit der Bescheidenheit! und keine Angst vor Überheblichkeit!

....

....

Worauf sind Sie stolz: a) in Bezug auf den Betrieb?

....

Worauf sind Sie stolz: b) in Bezug auf Ihr Team?

....

Worauf sind Sie stolz: c) in Bezug auf sich persönlich?

....

Anmerkung

Führungskräfte im Seminar (1,5 bis 2 Tage) beantworten jetzt schon die folgenden Fragen:

Was war die größte / eine große Anerkennung in Ihrem bisherigen Berufsleben? Und wie hat die auf Sie gewirkt?

(Platz für Notizen dazu finden Sie auf Seite 13)

Notieren Sie spontan, was Ihnen einfällt auf die Frage:

Was sind Ihre Bedürfnisse am Arbeitsplatz?

....

....

Extra-Fragen
für Führungskräfte

FÜR CHEFS:

- Welche Bedürfnisse haben Sie?
- Und welche Bedürfnisse haben Ihre Mitarbeitenden?
- Und wie war das doch gleich mit Herrn Schmidtke?
  Wie lautet Ihr Fazit aus seiner Geschichte?

Geben Sie jedem Menschen das Gefühl,
ein wertvoller Mensch zu sein!

Welche von diesen
Punkten könnten Sie
ausprobieren?
(ankringeln)

Salutogen (gesundheitsförderlich) **ist:**

- Teamsitzungen mit einem Bericht über Gelungenes zu eröffnen
- wenn man über seinen Chef spricht, dies wertschätzend zu tun
- wenn man über Kollegen spricht, dies wertschätzend zu tun
- wenn man über die Kantine spricht, dies wertschätzend zu tun
- (statt zu lästern) einander von den Stärken Dritter zu erzählen
- einander über positive Taten anderer zu berichten
- sich gegenseitig zu verstärken, wenn jemand sich gesund verhält

....

....

Fazit aus der Geschichte von Herrn Schmidtke:

Gehen Sie nie davon aus, dass Ihre Mitarbeitenden von selber
wissen, dass Sie sie schätzen.

A.5 Was war eine große Anerkennung für Sie?

Was war die größte / eine große Anerkennung in Ihrem bisherigen Berufsleben?

....

....

Und wie hat die auf Sie gewirkt?

....

....

Glauben Sie, dass Anerkennung ein Gesundheitsfaktor ist? wieso?

....

....

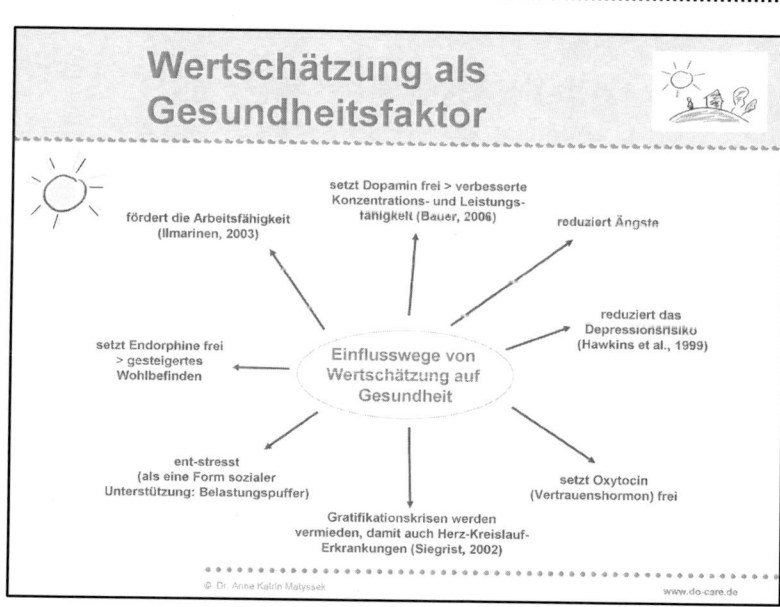

Ein kleines Denkspiel: Wenn ein Kind ein Zeugnis heimbringt – 9 Einsen und 1 Sechs – worüber reden die Eltern zu 90% der Zeit mit dem Kind?! Natürlich über die Sechs ...

Kleiner Exkurs zu Ihrer Partnerschaft (für Chefs mit viel Zeit und alle, die sich sonst noch trauen):

- Geben oder bekommen Sie mehr Anerkennung in Ihrer (letzten) Partnerschaft?
- Wofür haben Sie von Ihrem Partner/ Ihrer Partnerin das letzte Mal anerkennende Worte gehört? Wie hat das gewirkt?
- Wofür haben Sie das letzte Mal Ihrem Partner/ Ihrer Partnerin anerkennende Worte „gespendet"? Wie hat das gewirkt?
- Wofür könnten Sie Ihrem Partner/ Ihrer Partnerin Anerkennung geben?
- Wie könnten Sie das formulieren? >> „Goldenes Blatt"

Welche von diesen Punkten könnten Sie ausprobieren? (ankringeln)

Leitfaden für gelingende Beziehungen (aus Matyssek, 2010c, S. 34):

– Großzügig sein mit positivem Feedback!
– Positive Emotionen teilen!
– Respektieren, dass jeder seinen Freiraum braucht!
– Gut für den anderen sorgen – aber auch gut für sich!
– Ansprechen, wenn einen etwas belastet!
– Auch das Leben außerhalb dieser Beziehung pflegen!
– Konflikte beim Namen nennen!
– Unabhängig voneinander bleiben!
– Für viele schöne gemeinsame Erlebnisse sorgen!
– Kleine Geschenke ...
– Die Beziehung bewusst gestalten!

....

....

....

FÜR CHEFS:

Wie lautet Ihr Fazit in Bezug auf Ihre/n Mitarbeitenden?

....

....

Anmerkung

Bitte notieren Sie Wertschätzungshindernisse, die Ihnen an dieser Stelle aufgefallen sind, bereits jetzt auf Seite 28!

Geben Sie mehr oder empfangen Sie mehr Anerkennung?
(Selbst-Check)

Grundsätzliches: maximale Punktzahl: 4
- Kenne ich die größte Stärke jedes Mitarbeiters / Kollegen?
- Halte ich mich an die Anerkennungsregel (Verhältnis Lob:Kritik = mindestens 3:1)?
- Achte ich ganz bewusst auf positive Leistungen?
- Verteile ich meine Anerkennung gerecht, ohne Lieblinge zu haben?

Anerkennung empfangen: maximale Punktzahl: 3
- Lächeln die meisten Menschen, wenn Sie mir zum ersten Mal an diesem Tag begegnen?
- Hat innerhalb der letzten drei Wochen ein Kollege ein anerkennendes Wort für mich gefunden?
- Bin ich während der letzten vier Wochen einmal von meinem Vorgesetzten gelobt worden?

Anerkennung geben: maximale Punktzahl: 6
- Habe ich mich heute schon selbst gelobt?
- Habe ich während des gestrigen Tages bewusst auf Dinge geachtet, die mich lächeln lassen?
- Habe ich während der letzten fünf Werktage jemanden (im Beruf) gelobt?
- Habe ich in den letzten drei Wochen auch für Kollegen ein anerkennendes Wort gefunden?
- Habe ich in den letzten vier Wochen einmal bewusst etwas „Selbstverständliches" anerkannt?
- Habe ich in den letzten drei Monaten einmal meinen eigenen Vorgesetzten gelobt?

Auswertung:

Ab 7 Punkten: Sie sind schon ziemlich gut dran!
Ab 10 Punkten: Gratulation! Es macht Spaß, mit Ihnen zu arbeiten!

Wer viel Anerkennung empfängt / empfindet (!), der gibt auch viel!

Und: Man muss das Gute auch SEHEN ...

Sogar mit einem Nie-Lober-Chef kann man klarkommen. Anregungen dazu finden Sie im Buch in den Kapiteln 8.2, 8.5 und 9. Vielen hilft es, ihm Hinterkopf zu haben:

Auch die Geschäftsleitung / Führungskraft möchte
a. wertgeschätzt werden und
b. ihre Wertschätzung zeigen.

Aber manche brauchen halt ein bisschen Starthilfe. Und es macht in jedem Fall Sinn, dass Sie sich ab und zu fragen, was Sie an Ihrem Chef wertschätzen können.

wertschätzende Haltung macht vorm Chef nicht halt ...

Für unseren Lieblingschef

(ein Schuft, wer jetzt denkt: „Wir haben ja eh nur den einen")

Hallo Chef,

was wir Ihnen immer schon mal sagen wollten ... Hier steht's nun geschrieben. Wir haben das delegiert – Sie wissen schon: mit eigenen Worten ist es oft schwieriger, so etwas auszudrücken.

Jedenfalls, im Grunde sind wir ziemlich zufrieden mit Ihnen.
Es hätte uns deutlich schlimmer treffen können.

Und Sie aber auch!

Stellen Sie sich doch mal vor, Sie hätten das Team von
(... beliebigen Namen einsetzen ...)
erwischt! Dann kämen Sie aber morgens nicht so gut gelaunt rein!
Um es noch ein bisschen klarer zu sagen:

„Sie haben ein Super-Team!"

Wir sind stolz auf Sie, dass Sie so eine tolle Truppe haben!

Das einnnnnnzige, wovon es vielllllleiiiiicht ab und zu ein bisschen mehr sein dürfte, damit alles so prima bleibt, ist: Anerkennung. Aber durch die gemeinsame Lektüre dieses Buches wird sich das bestimmt deutlich zum Positiven verändern.

Und Sie und wir werden sagen:

„Das ham we gut gemacht!"

Auszug aus dem Buch „Chef, Sie haben ein Super-Team!" (Matyssek, 2009)

Was können Sie an Ihrer Führungskraft wertschätzen?

....

Wertschätzung im Arbeitsalltag

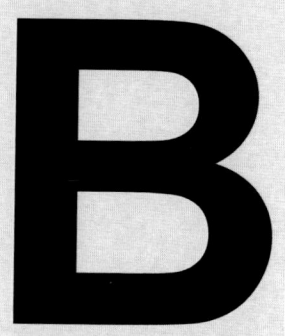

B

*Wertschätzung
ist zweckfrei*

*Lob KANN manipulieren –
dann beruht es aber
nicht auf Wertschätzung*

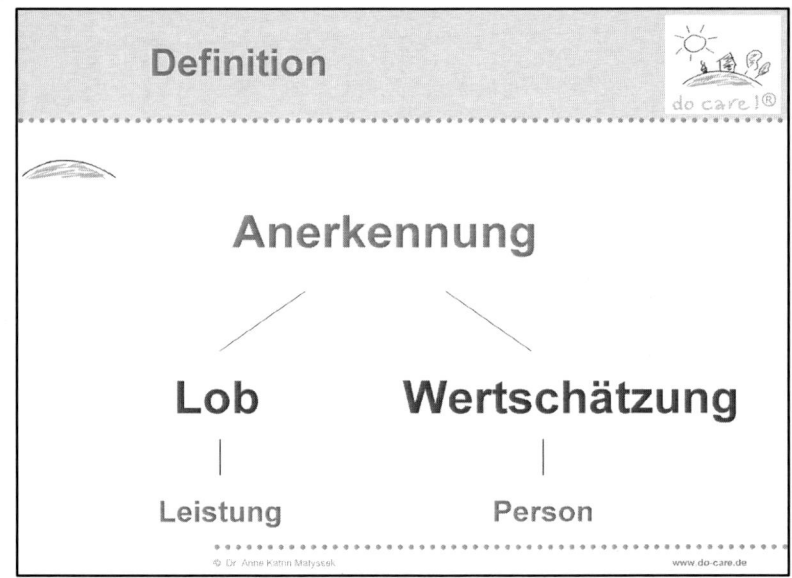

Anerkennung ist der Oberbegriff für Wertschätzung und Lob. Er beinhaltet eine positiv gefärbte Form der Wahrnehmung oder Zur-Kenntnis-Nahme (An-Er-Kennung).

Was ist Ihnen wichtiger: Lob für Ihre Leistung oder Wertschätzung Ihrer Person?

....

Checkliste „Alarmsignale für mangelnde Wertschätzung"

– morgendliche Begrüßung wird nur in den Bart genuschelt
– Kontakte werden vermieden; Einzelgängertum überwiegt
– Fehler werden verschwiegen / mit großem Aufwand verheimlicht
– Betriebsfeste werden schlecht besucht oder für überflüssig gehalten
– Worte wie „bitte" und „danke" haben Seltenheitswert
– Kollegen fühlen sich von Informationen ausgeschlossen
– es herrscht ein rauer Umgangston, anerkennende Worte fehlen
– jeder kümmert sich ausschließlich um den eigenen Aufgabenbereich
– Sozialräume oder Waschräume sind verdreckt
– Ergebnisse der Mitarbeiterbefragung, Gefährdungsbeurteilung, Betriebsarztpraxis, Sozialberater-Tätigkeit, Betriebsratsarbeit, Gespräche mit Arbeitsschützern zeigen: „es rumort im Gebälk"

B.2   Wann ist ein Lob ein gutes Lob?

Welche Voraussetzungen muss ein Lob erfüllen, damit es wirklich angenommen werden kann?

....

....

Irgendwo habe ich gelesen (Quelle leider unbekannt): „Eskimos kennen über 100 Wörter für ‚weiß' und 40 für ‚Schnee' – wie viele kennen wir für Anerkennung? Eins! ‚gut'!" Eigentlich finde ich es ein bisschen zu simpel, Ihnen hier ein paar Formulierungsvorschläge zu unterbreiten, die über den langweiligen nichtssagenden Klassiker „ham Se gut gemacht" hinausgehen – aber da die Teilnehmenden in Seminarveranstaltungen sich häufig genau mit solchen Alternativformulierungen schwer tun und eben diese wie wild notiert haben, liste ich Ihnen hier doch ein paar auf …

es gibt mehr Wörter als „gut"

Beispiele für Formulierungen (aber nur wegen des Eskimo-Effekts …):

– Gut, dass Sie da sind! Sie kommen gerade recht!
– Herzlichen Glückwunsch zum Geburtstag, Herr … / Frau …!
– Da merkt man den Profi …
– Danke, dass Sie das so schnell erledigt haben!
– Du hast dich ganz schon da reingehängt, alle Achtung!
– Respekt vor Ihrer Zuverlässigkeit!
– Vielen Dank!
– Das Argument spricht für deine …
– Sie sind ja schon lang im Geschäft: was ist Ihre Meinung zu …?
– Das merkte man, dass dir das Projekt wirklich am Herzen lag.
– Es ist schön, Sie im Team zu haben! Sie können häufig gut …
– Dank Ihrer Hilfe kann ich dem Kunden …

Welche weiteren Formulierungen fallen Ihnen ein?

....

....

Woran zeigt sich die Wertschätzung der Person? Anders gefragt: Was wünschen sich Beschäftigte von ihren Vorgesetzten (aber auch von Kolleginnen und Kollegen) in Sachen Wertschätzung?

....

....

Die Unternehmenskultur ist wichtig, keine Frage. Aber auch sie wird geprägt von jedem Beschäftigten im Betrieb. Dabei geht es vor allem um die vielen kleinen wertschätzenden Gesten im alltäglichen Miteinander.

Welche von diesen Punkten könnten Sie ausprobieren? (ankringeln)

....

....

....

....

- Geben Sie großzügig und lächelnd, aber ohne emotionalen Überschwang, Bestätigung und positives Feedback!

- Sprechen Sie ausschließlich so über abwesende Dritte, dass diese auch dabei sein könnten.

- Sprechen Sie nach Möglichkeit überhaupt nur positiv über Ihre Führungskraft, Ihr Team, Ihre Kollegen, Ihren Betrieb (idealerweise sogar über die Kantine ...)!

- Beziehen Sie Position gegen Lästerei! Verhindern Sie Ausgrenzungen und ergreifen Sie im Zweifelsfall Partei für die Schwachen! Vermeiden Sie Informationsgefälle innerhalb des Teams.

- Verhindern Sie Grüppchenbildung, indem Sie abwechselnd zu allen Kontakt halten, beispielsweise in den Pausen. Gehen Sie mit jeder Gruppe mal zum Mittagessen.

- Sehen Sie Unterschiedlichkeit als Stärke! Beziehen Sie Außenseiter bewusst mit ein. Fragen Sie sie nach ihrer Meinung, pflegen Sie den Kontakt.

- Machen Sie aus Ihrem Herzen keine Mördergrube! Seien Sie offen (geben Sie dabei einen Vertrauensvorschuss!) und berichten Sie den anderen, wie es Ihnen gerade geht.

- Pflegen Sie Ihre Stimmung, ohne sich zu verstellen! Testen Sie die Skalierungstechnik aus der Hypnotherapie.

- Trauen Sie den Kollegen etwas zu! Glauben Sie an einander, und gewähren Sie auch dabei einen Vertrauensvorschuss!

- Sprechen Sie Bauchgrummeln frühzeitig an. Besser, ein Konflikt wird offen ausgetragen, als dass er um des lieben Friedens willen unter den Teppich gekehrt wird und unerkannt schwelt.

- Lassen Sie Ihr Lächeln für Sie arbeiten ...!

do care!

Machen Sie sich immer wieder klar, dass Sie ein Mitgestalter der Unternehmenskultur sind. Bleiben Sie dran … Auch wenn's schwer ist oder wird. Es lohnt sich für alle.

Soziale Unterstützung – das heißt unter Kollegen / Kolleginnen:

- einander den Rücken stärken („wir schaffen das!")
- sich gegenseitig Trost zusprechen („es sind krasse Zeiten!")
- sich an Erfolge zu erinnern („du hast schon ganz anderes geschafft")
- einander Fehler zu verzeihen („das kann doch mal passieren")
- sich vor dem Kunden in Schutz nehmen
- sich vor anderen Hierarchieebenen in Schutz nehmen
- ansprechbar sein, ein offenes Ohr haben
- und natürlich, falls möglich, praktische Hilfe leisten

Soziale Unterstützung ist ein optimaler Belastungspuffer. Der Stress ist zwar noch da, aber er wird nicht mehr als so belastend empfunden. Eine Studie der Bertelsmann-Stiftung ergab, dass soziale Unterstützung durch Vorgesetzte sogar zur Burnout-Prävention geeignet ist. Aber auch, wenn Mitarbeitende sich unter einander soziale Unterstützung schenken, leisten sie damit einen wichtigen Beitrag zum Stressabbau.

soziale Unterstützung

Tipps für mehr Wertschätzung unter Kollegen:

- Informieren Sie andere frühzeitig und persönlich. Und zwar alle und nicht nur die, mit denen Sie sowieso häufig reden. So vermeiden Sie Cliquenbildung in Ihrem Team.
- Achten Sie auf Sauberkeit in Wasch- und Sozialräumen. Wahre Wertschätzung kann auch heißen, mal (!) den Dreck anderer zu beseitigen, damit sich die Nicht-Betroffenen weiterhin wohlfühlen.
- Bringen Sie erkälteten Kollegen eine Tasse Tee, müden Kollegen einen leckeren Kaffee aus der Kantine mit. Es freut Menschen, wenn sie merken, dass ihre Bedürfnisse zur Kenntnis genommen werden.
- Lächeln Sie, wenn Ihnen danach ist. Jedes Lächeln erwärmt die Atmosphäre und verlockt dazu, weitergegeben zu werden. Die Stimmung verbessert sich insgesamt.
- Sprechen Sie es deutlich und frühzeitig an, wenn Sie sich über jemanden geärgert haben. Das gebietet der Respekt vor sich selbst (!) und anderen: dass Sie Ihren Ärger nicht runterschlucken, sondern die Situation klären.
- Fragen Sie Kollegen um Rat oder bitten Sie sie um ihre Meinung, insbesondere diejenigen, die vom Typ her eher zurückhaltend sind. Sie fühlen sich durch Sie wertgeschätzt und einbezogen.
- Mit einem Satz wie „Ja, ich weiß, im Moment ist es heftig" geben Sie Ihren Kollegen kostenlos und quasi auf die Schnelle die Chance zu einer gesundheitsfördernden Mini-Ent-Stressung.

was davon tun Sie schon? wovon könnten Sie noch mehr tun? (ankringeln bzw. mit einem + kennzeichnen)

Überlastungssymptome zeigen sich auf 3 Ebenen (auch bei Ihnen). Notieren Sie, welche Symptome Ihnen zu welcher Ebene einfallen!

Körperliche Symptome (Aussehen, Erscheinungsbild):

....

....

Mentale Symptome (Gedanken und Gefühle):

....

....

Verhaltensbezogene Symptome (Sozialverhalten, Gesundheitsverhalten, Leistungsverhalten):

....

....

Entscheidend ist nicht EIN Symptom als solches. Entscheidend ist, dass man VERÄNDERUNGEN wahrnimmt (dazu muss man vorher schon hingeschaut haben) und dann mutig anspricht.

Anmerkung:

Eine Übersicht über die Symptome finden Sie in Form einer Liste auf meiner Website unter

www.do-care.de/dc/gesund-fuehren/gesunde-kommunikation/signale-erkennen/

do care!

Gesprächsleitfaden zum Umgang mit überlasteten Kolleginnen / Kollegen / Mitarbeitenden:

- Symptome für mögliche Überlastungen sollten Sie nicht ignorieren, sondern ansprechen („Macht Ihnen Ihr Rücken wieder Ärger? Sie Ärmste! Schauen Sie mal, ob es heute mit dem Arbeiten klappt! Und sonst gehen Sie halt heim."). Bei wiederholtem Auftreten führen Sie ein Gespräch.

- Wie immer sollten Sie auch hier für eine ruhige, entspannte Atmosphäre sorgen – schließlich sollen sich beide Gesprächspartner wohl fühlen. Aber haben Sie nicht den Anspruch, komplett entspannt zu sein. In so einer Situation ist Herzklopfen normal.

- Sie sollten wertfrei beschreiben, was Ihnen aufgefallen ist, ohne eine Diagnose zu stellen. Sie können z.B. sagen: „Mir fällt gerade auf, Sie sind so blass" (falls ungewöhnlich). Fassen Sie in Worte, dass dies eine Veränderung darstellt („Sowas kenne ich gar nicht von Ihnen.").

- Formulieren Sie offen: „Was ist los?" (und nicht, ob er oder sie ein Problem hat). Die Frage ist personfern und damit wenig bedrohlich. Seien Sie bitte nicht beleidigt, falls Sie ein „Nix" zu hören bekommen. Vielleicht ist der andere noch nicht so weit sich zu öffen. Oder es ist wirklich "nix". Wichtig ist, dass Sie ein Gesprächsangebot gemacht haben. Das reicht.

- Sie können auch Ihre Anteilnahme in Worte fassen: „Ich mache mir Sorgen und möchte Sie unterstützen." (Unterstützen beinhaltet – im Gegensatz zu Helfen -, dass der andere bereits selber aktiv ist).

- Erkundigen Sie sich, welche Ideen der Mitarbeiter oder die Mitarbeiterin hat: „Was muss passieren, damit Sie sich hier bei uns wieder wohler fühlen können? Kann ich etwas dazu beitragen?" Warten Sie geduldig auf die Antworten und überschütten Sie den Mitarbeiter nicht mit Ihren Ideen („Ich hab mir gedacht, Sie könnten ja mal ...").

- Sie können ruhig Ihr eigenes Unbehagen formulieren („Ich führe so ein Gespräch auch nicht alle Tage, ist mir auch ein bisschen unangenehm").

- Vielleicht möchten Sie einen Termin zum Austausch über Veränderungen festmachen („Ich schlage vor, wir setzen uns in zwei Wochen wieder zusammen und besprechen, was sich verändert hat.")

Fall-Beispiel: Angenommen, jemand kommt zu spät zu Ihrer Präsentation – was denken Sie?

....

....

Die Arbeit am „focus on the good stuff" ist ein fortwährender Prozess und keine Einmal-Aktion. Es erfordert ein gehöriges Maß an Selbstkritik und Selbstreflexionsfähigkeit, um dranzubleiben an diesem kontinuierlichen Verbesserungsprozess ...

Welche von diesen Punkten könnten Sie ausprobieren? (ankringeln)

....

....

....

....

- Gehen Sie davon aus, dass die Welt sich verschworen hat, um Ihnen Gutes zu tun!
- Versuchen Sie, dankbar zu sein für das, was ist. Gönnen Sie sich dazu je eine ruhige Minute morgens und abends – vor dem Start in den Tag und am Ende des Tages („count your blessings").
- Und wenn das mit dem Dankbar-Sein in Ihrer jetzigen Situation nicht klappt, lassen Sie die Frage zu: Wozu könnte das rein theoretisch (in Zukunft) gut sein?
- Fragen Sie sich: Bei welchen Situationen oder Erfahrungen Ihres Lebens konnten Sie erst im Nachhinein sagen, worin der Sinn bestand? Sicher gibt es da mehrere!
- Beobachten Sie, was Ihre Sprache über Ihren Fokus verrät (vgl. Seite 51f): Gibt es eine positive Grundausrichtung („so viel haben wir schon erreicht", „gut daran ist, dass ...")?
- Bevor Sie in ein Gespräch gehen: Fragen Sie sich, welche Eigenschaften oder Verhaltensweisen Ihres Gesprächspartners Sie besonders schätzen! Das erleichtert das Gespräch.
- Suchen Sie nach positiven Alternativ-Erklärungen für Verhaltensweisen, die Sie stören (z.B. wenn jemand zu spät kommt, nicht grüßt). Machen Sie daraus einen Denksport für sich!
- Hinterfragen Sie Eigenschaften, die Sie an anderen stören (Konfliktscheue, Geiz, Vorlaut-Sein, Disziplinlosigkeit) nach ihrem Gegenstück im Werte-Quadrat! Wie steht es um die Balance?
- Bleiben Sie offen und neugierig auf Ihren Gesprächspartner. Fragen Sie sich zum Beispiel „was könnte ich von dem lernen?", selbst wenn er Ihnen zunächst nicht sympathisch ist.
- Beobachten Sie Ihre inneren Dialoge auf Vor-Urteile und hinterfragen Sie diese (statt „das ist 'ne blöde Kuh!": „was genau stört mich an ihr und warum? was hat das mit mir zu tun?").
- Oberstes Gebot: Sie dürfen und sollen bei sich selbst beginnen!

do care!

Was verstehen Sie unter wertschätzender Führung? Was gehört alles dazu? Welchen Anspruch haben Sie an sich selbst?

....

....

Machen Sie den Spruch vom alten Goethe (rechts) doch zu Ihrem (heimlichen – drüber reden würde ich nicht) Motto. Letztlich wirkt dann das „law of attraction" oder den Rosenthal-Effekt: Wenn wir glauben, dass unser Gegenüber freundlich ist, werden wir ihm freundlich begegnen und es genau dadurch freundlich stimmen – und uns im Nachhinein mental mit „ha, wusst' ich's doch!" zur „richtigen" Einschätzung gratulieren können.

Zitat von Goethe dazu:

Wer die Menschen behandelt wie sie sind, macht sie schlechter.
Wer sie aber behandelt wie sie sein könnten, macht sie besser.

Eine Führungskraft ist nichts
ohne ihre Mitarbeiterinnen und Mitarbeiter

Sogar die besten Führungskräfte vergessen im Stress schon einmal:
Sie sind nichts ohne ihre Leute.

Ein Betrieb ist immer nur so gut wie seine Beschäftigten.

Und andererseits braucht jedes Team und jede Gruppe einen, der den Hut auf hat. – Auch wenn der nicht immer der Beste ist.

Wir alle sollten uns immer wieder klar machen:
Ein Betrieb, das sind alle zusammen. Starke und Schwache.

Lauter Menschen, die gemeinsam dieselben Ziele anstreben.

Danke, dass Sie dabei sind!

Ohne Sie und die Kolleginnen und Kollegen stünde Ihre Führungskraft ganz schön dumm da …

Wenn Sie finden, dass wir das manchmal vergessen:

Machen Sie uns doch einfach darauf aufmerksam!
Wir versprechen auch, nicht böse zu sein … ☺

Übrigens: Auch fürs Danke-Sagen gibt es schöne Bücher ☺ Dieser Vorschlag stammt aus dem Buch „Danke! Mensch, sind wir froh, dass Sie bei uns arbeiten!"

Erinnern Sie sich an Ihr letztes Kritikgespräch, das gut gelaufen ist: Warum lief es gut? Welche Prinzipien können Sie daraus ableiten?

....

....

Wertschätzung erleichtert Kritikgespräche

Je mehr sich jemand als Person wertgeschätzt fühlt, desto geringer ist die Gefahr, dass ein Kritikgespräch eskaliert.
Wertschätzung fungiert quasi wie ein Puffer. Sie sorgt dafür, dass der Mensch sich nicht als Person angegriffen fühlt. So bleibt sein Kopf klar (statt impulsartig Gegenwehr aufzufahren) und seine Haltung offen für die geäußerten Veränderungswünsche.

TIPP FÜR SIE

VW-Regel:
Formulieren Sie keine **V**orwürfe sondern **W**ünsche!

Eigentlich brauchen wir Menschen Kritik. Zumindest Feedback ist wichtig für uns. Wir wollen wissen, wo wir stehen und was wir richtig und falsch machen. Rückmeldung durch andere hilft uns, uns einzuordnen und unser Verhalten zu steuern und zu verbessern. Sie gibt uns Orientierung, Sicherheit und Bestätigung. Trotzdem bekommen die meisten Leute Herzklopfen beim Gedanken an Kritik oder negatives Feedback. Warum? Das Problematische an Kritik ist, dass man sie auf sich als Person bezieht, obwohl sie eigentlich nur auf eine Rückmeldung zum Leistungsverhalten abzielt. Man nimmt sie persönlich.

Checkliste „Richtig kritisieren"

– nie ironisch oder sarkastisch, sondern grundsätzlich auf die Sache bezogen; dabei aber ruhig auch den eigenen Ärger zeigen!
– nie in Gegenwart Dritter, sondern grundsätzlich unter vier Augen
– nie am Telefon oder schriftlich, sondern "mutig" im Gespräch
– nie mehrere Kritikanlässe "in einem Aufwasch", sondern grundsätzlich maximal zwei Kritikpunkte zeitnah zum Geschehen
– nie mit Worten wie "immer" / "nie" kritisieren ("Sie sind immer so unkonzentriert"), sondern grundsätzlich auf eine konkrete Situation bezogen ("Gestern ist mir aufgefallen ...")
– nie Anschnauzen/ Motzen um des Motzens willen, sondern grundsätzlich mit dem konstruktiven Ziel der späteren Verhaltensänderung
– nie Kritik an der Person, sondern grundsätzlich nur am Verhalten

Wertschätzungs-hindernisse und ihre Lösungen

Denken Sie in alle Richtungen! Suchen Sie mindestens 4 Gründe!

....

....

Welche von diesen Punkten könnten Sie ausprobieren? (ankringeln)

....

....

....

....

Tipps für Konfliktsituationen:

–   zur Prävention das Selbstwertgefühl hegen und pflegen
–   Auszeit vor dem Gespräch nehmen, um den „Film" zu erkennen
–   vorher tief ausatmen und positive Aspekte am anderen suchen
–   Erklärungen finden für das Verhalten des anderen (5-Finger-Regel)
–   Beobachtung von Bewertung trennen
–   Mut zur Offenheit (Bereitschaft, das eigene Befinden zu schildern)
–   unbefriedigte eigene Bedürfnisse ansprechen (Ich-Aussage)
–   auf der Suche nach den unbefriedigten Bedürfnissen des anderen: durch die Brille des anderen schauen (= Empathie ≠ Sympathie)
–   nicht fragen „warum (macht der das)?" sondern „wozu?"
–   Mitleid empfinden
–   eine Bitte formulieren (VW-Regel: keinen Vorwurf, sondern Wunsch)

Welche Stressbewältigungstipps kennen Sie und können Sie weiterempfehlen? Was hat sich bewährt?

....

....

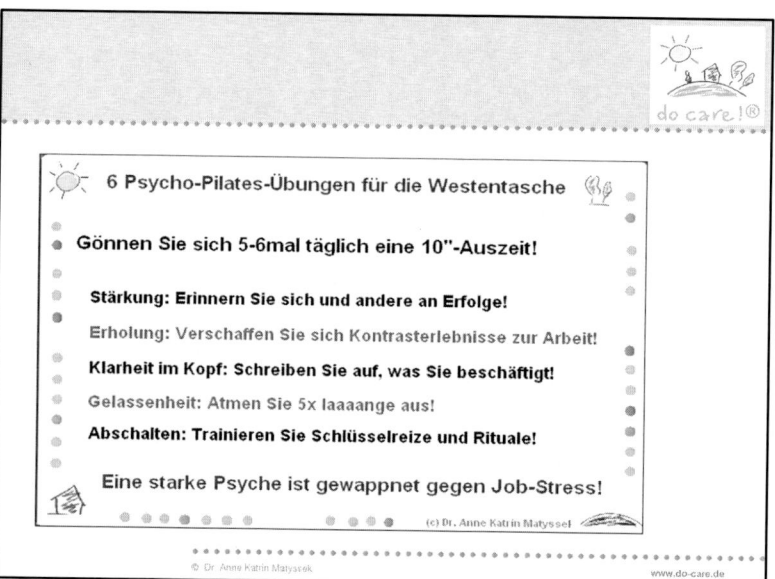

Man ist konflikt- und kränkungsanfälliger, wenn der Stress einen plagt. Stressprävention trägt damit auch zur Konfliktprävention bei.

– Wichtigster Tipp für Konflikte, an denen Sie beteiligt sind: Bewahren Sie Ruhe. Das geht nur durch kurzen Rückzug (wenigstens mental). Atmen Sie kurz durch!

– Besser wäre zusätzlich ein räumlicher bzw. zeitlicher Abstand. Aus der Distanz heraus ist die Gefahr geringer, dass man sich von Emotionen mitreißen lässt. Man behält einen kühlen Kopf.

– Fragen Sie sich: Was sind meine Bedürfnisse, welche sind nicht befriedigt, so dass ich gekränkt oder aufgebracht reagiere? Was täte mir gut in dieser Situation?

– Versetzen Sie sich ins Gegenüber hinein: Wozu (nicht: warum) macht der das? Was sind seine Bedürfnisse dabei? Wie kann man / er / ich die auf andere Weise befriedigen?

– Auch wenn's keinen Spaß macht: Nur über Verständnis, also Sich-in-den-anderen-Hineinversetzen lassen sich Konflikte lösen. Betrachten Sie's als gedankliches Experiment.

Vela sint erlaupt (ab und zu zumindest ...)

Wir sind perfekt in Sachen Fehlersuche. Schon bei Kindern im Diktat notieren wir die Fehlerzahl, nicht die der richtig geschriebenen Wörter (ja, auch meine Bücher haben Rechtschreibfehler ...). Wertschätzung kann auch heißen: Vela sint erlaupt ☺

Fragen (NICHT NUR FÜR CHEFS) zur Entwicklung einer wertschätzenden Haltung:

- Was bin ich ohne mein Team?
- Woran merken meine Leute, dass sie mir wichtig sind?
- Wo liegen wessen Stärken?
- Was wäre, wenn sich meine Mitarbeitenden gegen mich verschwören würden? (worst case scenario)

„dafür wird der doch bezahlt!"

Was passiert, wenn man keine Anerkennung für Leistungen gibt, weil man sich sagt „Dafür wird der / die doch bezahlt!"?

....

....

TIPP FÜR SIE

Ihr wichtigster Mitarbeiter / Kollege ist der, an den Sie heute noch nicht gedacht haben.

Danke sagen für den Einsatz – diese Form der Wertschätzung ist grundsätzlich frei von Schleimverdacht, denn der andere hat ihn ja gezeigt (auch wenn der Einsatz vielleicht nicht von Erfolg gekrönt war).

Schleimfreie Wertschätzungsvarianten:

Sprechen Sie Dank aus,
fragen Sie Kollegen nach ihrer Meinung,
beziehen Sie sie mit ein bei Entscheidungen,
übertragen Sie Verantwortung.

C.4 Was tun Sie, wenn Sie jemanden unsympathisch finden?

do care!

Es gibt Menschen, die machen es einem schwer, sie zu mögen. Emotionslose Nüchternheit oder eine kalte Atmosphäre hindern uns daran, uns so zu geben, wie wir sind. Eigentlich sind wir viel netter. Aber wir fühlen uns bisweilen umgeben von menschlichen Kühlschränken. Zwischenmenschliche Energiekrisen sind weit verbreitet - innerbetrieblich und sogar in mancher Partnerschaft. Da wird Wertschätzung auf Sparflamme gekocht, das Klima ist frostig, der Ton unterkühlt. Ähnlichkeit schafft Sympathie, und Sympathie schafft Ähnlichkeit.

Suchen Sie die Ähnlichkeiten!

TIPP FÜR SIE

Suchen Sie bewusst nach Ähnlichkeiten zwischen sich und dem Menschen, der ein Verhalten zeigt, das Ihnen unsympathisch ist!

Situationen erscheinen uns immer dann „schwierig", wenn wir fürchten, dass unsere eigenen Bedürfnisse zu kurz kommen („ich selber werde hier nicht gesehen, und ich bin selber im Stress"). Wenn wir uns hingegen emotional satt und selbstwertmäßig stark fühlen, wächst auch unser Verständnis für Menschen mit aggressivem Verhalten oder Selbstbewusstseinsnöten.

je mehr man sich selber schätzt, desto mehr Menschen findet man sympathisch"

- Lassen Sie sich nicht durch ein aufgesetztes Pokerface Ihres Gegenübers verunsichern. Das ist „pseudo": Im anderen geht genauso die Post ab wie in Ihnen.
- Versuchen Sie, „schwierige" Menschen näher kennen zu lernen. So geben Sie sich und ihnen die Chance, einander sympathischer zu werden.

Denken Sie an jemanden, der Ihnen nicht besonders sympathisch ist: Worauf wollen Sie im nächsten Gespräch achten?

....

....

Schlechte Laune verdirbt einem die Lust, einen positiven Blick zu pflegen: Man sieht nur, was die eigene Stimmung untermauert. Zum Glück ist man seiner Stimmung nicht hilflos ausgeliefert.

Wie schaffen Sie es, Ihre Laune zu verbessern?

....

....

Was können Sie tun, wenn jemand aus Ihrem Team die Stimmung aller anderen durch seine schlechte Laune vermiest?

....

....

Wie können Sie die Stimmung und das Klima in Ihrem Team weiter verbessern?

....

....

C.6   Wie steht's um Ihre Selbstwertschätzung?

„Weil ich es mir wert bin ..."
– Wie würden Sie diesen Satz beenden?

....

....

Es gibt keine seelische Gesundheit ohne Selbstwertschätzung.

Sie sind das Beste, was Sie haben! Und Sie allein sind dafür ver-
antwortlich, dass Sie aus sich das Beste machen. Gehen Sie acht-
sam mit sich um! Demonstrieren Sie sich täglich, dass Sie viel von
sich halten – und dass Sie es Wert sind, sich pfleglich zu behan-
deln! Noch pfleglicher als Ihren Kaffee-Vollautomaten. Was steht in
Ihrer Bedienungsanleitung für sich selbst? Was brauchen Sie?
Nehmen Sie täglich Einzahlungen auf Ihr Selbstwertkonto vor!

*Sie sind
das beste Ich,
das Sie haben ...*

– Achten Sie darauf, dass Ihre körperlichen Grundbedürfnisse (Essen, Schlafen, Sex, Wärme, Bewegung und Erholung) allesamt
  befriedigt werden. Das signalisiert der Psyche „ich bin's wert"!

– Gestehen Sie sich ein, dass Sie ein Bedürfnis nach Anerkennung
  durch andere haben. Das ist nicht „uncool", sondern Ausdruck
  wahrer innerer Souveränität.

*Welche von diesen
Punkten könnten Sie
ausprobieren?
(ankringeln)*

– Lassen Sie sich feiern (Geburtstag, Jubiläum, berufliche Erfolge),
  und feiern Sie sich auch selber! Seien Sie es sich wert, sich an
  diesen Tagen erst recht etwas Schönes zu gönnen.

....

– Bitten Sie um Rückmeldungen von anderen, wenn Sie sich oder
  Ihre Leistungen zu wenig gesehen fühlen. Holen Sie sich Ihre
  Lorbeeren ...!

....

– Nehmen Sie täglich Einzahlungen auf Ihr Selbstwert-Konto vor!
  Insbesondere in Zeiten unerlaubter Abbuchungen durch andere
  ist das wichtig für Ihre Bilanz, sprich: Tun Sie sich etwas Gutes!

....

– Wenn Sie merken, dass jemand Sie verunsichert, sagen Sie sich,
  dass der das wohl nötig hat, und dass es im Grunde seine Ver-
  unsicherung ist, die Sie spüren – und dann geben Sie ihm Sicherheit, indem Sie lächeln und ihn „aufwärmen".

– Achten Sie darauf, wie Sie mental zu sich selber sprechen:
  Bauen Sie sich nach Misserfolgen auf, klopfen Sie sich bei Erfol-
  gen auf die Schulter, seien Sie stolz auf sich und genießen Sie
  das Gefühl! – Schreiben Sie diese positiven Gedanken auf!

- Seien Sie vorsichtig mit der Strategie der Kontaktvermeidung, um der Gefahr von Entwertungserlebnissen zu entgehen! Diese sollten Sie sich nur in absoluten Ausnahmefällen gestatten.
- Definieren Sie sich nicht nur über Arbeit! Je mehr Töpfe Sie haben, aus denen Sie Ihr Selbstwertgefühl schöpfen, desto leichter wird es für Sie, Kritik an Ihrer Leistung anzunehmen.
- Wenn Ihr Selbstwert in Gefahr ist, füllen Sie das Konto auf, indem Sie andere Menschen um Rückmeldung bitten. Und haben Sie keine Scheu, sich trösten zu lassen.
- Sagen Sie sich: Ohne Rückmeldung keine Weiterentwicklung. Oft sieht man erst im Nachhinein, wozu eine negative Kritik gut war. Vielleicht können Sie dem Kritiker später einmal dankbar sein.

bloß kein Minus
auf dem Selbstwertkonto!

Das Prinzip funktioniert in beide Richtungen: Wenn Sie ein starkes Selbstwertgefühl haben, werden Sie gut für sich sorgen. Und wenn Sie gut für sich sorgen, registriert Ihre Psyche das quasi mit Gedanken wie „Ups, muss ich viel wert sein, dass ich mir so etwas gönne!" Die zweite Richtung haben Sie also selbst in der Hand.

Sieht man Ihrem Verhalten an, dass Sie sich selbst wertschätzen?

- Sieht man es Ihrer Wohnung an? Ist sie sauber, liebevoll gestaltet?
- Sieht man es Ihrem Aussehen an? Sind Sie gepflegt?
- Sieht man es Ihrem Körper an? Ist er „in Schuss", so gut es geht?
- Sieht man es Ihrer Karriere an, dass Sie gut für sich sorgen? Sind Sie es sich wert, im Leistungsbereich das Beste aus sich zu machen?
- Sieht man es Ihrer Nahrung an? Ist sie sorgfältig ausgewählt und liebevoll angerichtet?
- Sieht man es Ihrem Freizeitverhalten an? Verschafft es Ihnen wahre Erholung?
- Sieht man es Ihrem Sozialverhalten an? Pflegen Sie Ihre Beziehungen auch außerhalb der Partnerschaft?

Welche Maßnahmen für mehr Selbstwertschätzung wollen Sie sich gönnen? wann geht's los? wer soll Sie unterstützen / erinnern?

....

....

Je mehr Sie in Ihre Frau investieren, desto .... (vervollständigen Sie den Satz, möglichst auf unterschiedliche Arten)

....

....

Je mehr Sie in eine/n Mitarbeiter/in investieren, desto .... (vervollständigen Sie den Satz)

....

....

Die „Blaumacher"-Geschichte:

- Welche Perspektive hat der Teamleiter gewählt? Wie konnte es dazu kommen?

....

- Welche Konflikte sehen/ vermuten Sie hier?

....

- An welchen Stellen wäre wertschätzenderes Verhalten möglich? Wie sähe das aus?

....

- Wie geht es besser? Was ist Ihr Fazit für sich selber?

....

„Gut, dass Sie da sind!" – Das geht beim Top-Leister leicht über die Lippen. Diese Haltung fällt aber vielen Führungskräften schwer, sobald es sich um Mitarbeitende handelt, die häufige Kurzerkrankungen aufweisen oder Minderleistungen erbringen.

Wie ist das bei Ihnen?

....

....

Gibt es überhaupt „Minderleister"? Definieren Sie den Ausdruck für sich, falls Sie ihn benutzen.

....

....

draußen

drinnen

Viele Führungskräfte haben automatisch 2 Subgruppen im Kopf, sobald sie an ihr Team denken: eine Drinnen-Gruppe und eine **Draußen-Gruppe** (für Details fragen Sie Ihren Veranstaltungsleiter). Wer ist bei Ihnen „drinnen" und wer „draußen"?

....

....

Wie lautet Ihr Fazit aus diesen Gedanken? Welchen Anspruch haben Sie an sich im Hinblick auf Leute des „Draußen-Teams"?

....

....

Damit
die Saat aufgeht
(Transfer)

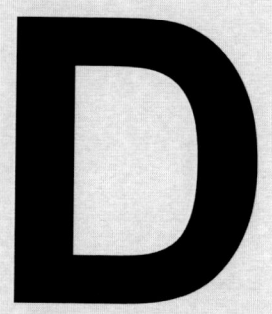

Wertschätzung hat viele positive Effekte: Sie fördert die Gesundheit und das Wohlbefinden, sie steigert das Selbstbewusstsein, das Zutrauen und die Produktivität, sie erhält die Arbeitsfähigkeit auch bei älteren Beschäftigten, sie verhindert Unfälle und stärkt das Zugehörigkeitsgefühl und die Identifikation mit dem Unternehmen.

Was Wertschätzung bewirkt

do care!®

⇨ Sie macht aus jedem einen positiven Menschen mit toller Ausstrahlung ...
... und aus dem Gegenüber auch!

⇨ Sie macht uns klar, wofür wir dankbar sein können ...
... dem Dankbaren gehört das Glück!

⇨ Sie hilft uns, das Beste zu sehen ...
... in uns, dem anderen, der Firma und der Welt!

⇨ Sie stärkt die Psyche und verbessert die Welt:
Das Unternehmen wird erfolgreicher, die Leute werden gesünder ...

© Dr. Anne Katrin Matyssek   www.do-care.de

Welche Effekte sind für Sie persönlich die wichtigsten?

....

....

do care!

Sie werden sehen: Wer sich wertschätzend verhält, der erhält auch viel Wertschätzung von anderen. Und dasselbe gilt für den, der sich öffentlich für mehr Wertschätzung im Betrieb einsetzt. Sie werden es erleben! Mit dem Thema rennen Sie offene Türen ein!

– Geben Sie (kleine) Schwächen zu. Das macht sympathisch und „nahbar". Perfekt wirkende Menschen schrecken ab, auch wenn alle wissen, dass niemand perfekt ist.

– Machen Sie aus sich einen attraktiven Gesprächspartner: Aktives Zuhören, Empathie und Verständnis zeigen sowie ein offenes Ohr haben – all das ist wichtiger als tolle Ratschläge.

– Teilen Sie Ihre positiven Emotionen, zum Beispiel Ihre Dankbarkeit (über die warmen Temperaturen, den jüngsten Vertriebserfolg, die flotte Zusendung von Infomaterial, was auch immer).

– Bleiben Sie bescheiden. Protzen wirkt abschreckend, Bescheidenheit wirkt sexy (ja, meine Herren, vor allem bei der Partnerinnensuche – aber auch sonst ...).

– Setzen Sie sich fürs Gemeinwohl ein (und sorgen Sie unauffällig dafür, dass Ihr Einsatz auch gesehen wird). Arbeiten Sie ehrenamtlich. Melden Sie sich freiwillig für unangenehme Aufgaben.

– Seien Sie bereit, Ihrerseits anderen einen Wertschätzungsvorschuss zu geben (also sogar dann, wenn Sie beim anderen Ablehnung oder Skepsis spüren): Suchen Sie Wertschätzenswertes an ihm!

– Betonen Sie die Vorzüge von abwesenden Dritten, statt sich einer Lästerrunde anzuschließen. Bleiben Sie dieser Linie treu, auch wenn es zunächst so aussieht, als würden Sie mit Ablehnung bestraft.

– Sorgen Sie für Erfolge auch auf anderen Gebieten als der Arbeit. Bauen Sie möglichst viele Wertschätzungsquellen auf neben dem Job; der ist nur eine (potenzielle).

– Zeigen Sie sich, machen Sie sich sichtbar – nicht nur mit Ihren Leistungen oder Ihrer Einsatzbereitschaft, sondern auch als Mensch mit allen Emotionen (Pokerfaceträger erhalten weniger Wertschätzung).

– Ermuntern Sie auch andere, Ihre Emotionen zu zeigen („freut's dich?", „Mensch, ist doch klar, dass einen so etwas mitnimmt"). Wer uns in emotionalen Momenten nahe ist, den mögen wir auch danach.

– Und wenn die Wertschätzung in Form anerkennender Worte kommt: Lächeln Sie einfach. Sie brauchen nichts zu sagen. Einfach nur genießen und schweigen ...

Welche von diesen Punkten könnten Sie ausprobieren? (ankringeln)

....

....

....

....

Das ist eine CareCard (bei 30 Grad waschbar, Scheckkartenformat)

Was können Sie jetzt tun? Wie soll's weitergehen
         a)   für Sie persönlich?
         b)   für Ihr Team?

....

....

Welche von diesen Punkten könnten Sie ausprobieren? (ankringeln)

....

....

....

Ein paar Vorschläge:
~ ein Leitbild erstellen ~ den Team-Check bearbeiten ~ den Vorstand zum Essen einladen ~ eine schwäbische / türkische / hundebesitzerische / Bayern-Fan-Woche oder Kinderfoto-Zeige-Tage einführen ~ einen Kalender mit Wertschätzungssprüchen erstellen ~ die im Buch erwähnten Buttons basteln oder den Bastelwürfel (Datei auf der Website) ~ ein Plakat mit allen Köpfen erstellen ~ sich gegenseitig an die Gute-Laune-Ideen erinnern ~ gemeinsam meine Podcasts anhören ☺ ~ Team-Regeln aufstellen ~ eine Team-Entwicklungskurve zeichnen (wann ging's uns wie, und wie haben wir die Krisen überwunden?) ~ zusammen Eis essen gehen und den Chef einladen ~ einander JETZT anerkennende Worte sagen (oder auf einer Pappe auf den Rücken schreiben: was ich an dir schätze) ~ und ...

Ihre aktuelle Stimmung: _____

Hat sie sich um ein Pünktchen (oder mehr) verbessert? Gratuliere!

Die Veranstaltung war ein Erfolg ... ☺

Sicher wissen Sie längst, wie Wertschätzung und Stimmung zusammenhängen: Es geht Ihnen besser, wenn Ihre Stimmung besser ist. Und ein bisschen können Sie die beeinflussen (Skalieren, 10 gute Gedanken, noch mal skalieren, dann erst ins Gespräch). Übernehmen Sie die Verantwortung für Ihre bestmögliche Verfassung (Kleidung, Essen, Wohnung, Bewegung).

Und übernehmen Sie die Verantwortung für die Gedanken in Ihrem Kopf (ja, das geht, zumindest meistens – auch wenn es in Ihren Ohren vielleicht ungewöhnlich klingt: Gedanken sind Trainingssache; das weiß zum Beispiel die Kognitive Verhaltenstherapie). Sagen Sie sich in Konflikten immer: Der andere will nicht primär Ihnen schaden, sondern er will primär sich selbst nutzen. Er will seine Bedürfnisse befriedigen. Von dieser Einsicht ist es nur ein Katzensprung zu der Frage: Wie können Sie dazu beitragen, dass seine Bedürfnisse befriedigt werden, in einer Weise, bei der Sie selbst nicht zu kurz kommen?

Verantwortung für die eigenen Gedanken übernehmen

Selbstvertrag

- Was wollen Sie umsetzen?
    - für sich persönlich oder für Ihre Partnerschaft
    - für Ihre Mitarbeitenden / Kollegen/ Kolleginnen

....

....

- Was versprechen Sie sich davon?

....

- Was tun Sie bis wann?

....

- Wie könnten Sie mit Hindernissen umgehen?

....

- Wer soll Sie unterstützen?

....

....
(Datum, Unterschrift)

Wenn Sie Ihren Vorsatz öffentlich machen, wird die Umsetzung um das 3trillardenfache erleichtert ☺

do care!

- Auf den nächsten Seiten finden Sie einen ausführlichen Team-Check, den Sie gemeinsam bearbeiten können. Besprechen Sie, wo die Stärken Ihres Teams liegen (ohne die Schwächen breit auszutreten!).

- Planen Sie bei Ihrer nächsten Meeting-Agenda bewusst den „focus on the good stuff" ein: Setzen Sie Berichte über Erfolge auf die Tagesordnung; erlauben Sie negative Kritik nur in Verbindung mit konstruktiven Verbesserungsvorschlägen etc.; erinnern Sie sich mit gebastelten Smiley-Karten daran.

Welche von diesen Punkten könnten Sie ausprobieren? (ankringeln)

- Schenken Sie sich gegenseitig positives Feedback, zum Beispiel freitags nachmittags bei „Bier ab vier" (oder wann immer bei Ihnen Feierabend ist) – wirkt nur anfangs etwas künstlich; mittelfristig freut man sich DOCH ☺

....

- Säen Sie Kresse (vielleicht in Symbolform: Lassen Sie eine gestreute Sonne wachsen oder ähnliches) oder pflanzen Sie Sonnenblumen oder einen Baum – egal was, Hauptsache, es erinnert Sie an Ihr Wertschätzungsprojekt.

....

- Hören Sie gemeinsam meine Podcasts (jeden Montag morgen neu; aber natürlich können Sie sie hören, wann Sie wollen); steht oben schon, ich weiß, aber wenn's doch Sinn macht ... Oder Sie lesen gemeinsam meinen eMail-Infobrief (erscheint alle 2 Monate, ebenfalls kostenlos).

....

- Versenden Sie Erinnerungs-eMails: Jede Woche ist ein anderer dran. Ein Satz in der Betreffzeile reicht (Sie bekommen ja eh schon genug eMails ...). Ideen für Sprüche finden Sie im Buch auf Seite 227. Oder Sie lassen sich selbst welche einfallen.

- Achten Sie beim Äußern negativer Kritik darauf, was Ihre Bedürfnisse sind (und nicht primär, was der andere falsch gemacht hat). Was sollte der andere tun, um dieses Bedürfnis von Ihnen zu befriedigen?

- Hängen Sie ein Flipchart-Blatt mit Stift für alle gut sicht- und erreichbar (aber nicht im Kundensichtkontakt) auf: Hierauf soll jeder für eine positive Äußerung, die er gehört hat, einen Strich machen oder eine Sonne malen. Schon manche Ehe wurden mit dieser simplen Technik – „juchuh, eine positive Äuerßung!" – gerettet! Wenn jeder eine andere Farbe oder ein anderes Symbol nimmt, können Sie auch sehen, wer diesbezüglich am „reichsten" ist und wem es mal wieder gut täte, etwas Nettes zu hören.

Weitere Ideen und Anregungen finden Sie im Buch „Wertschätzung im Betrieb" auf den Seiten 223 bis 226.

Team-Check: Wie gehen wir miteinander um?	stimmt voll	eher ja	eher nicht	stimmt nicht
Nr.	**Frage**			
1	Wenn wir feiern, machen fast immer alle mit.	+2	+1	-1	-2
2	„Bitte" und „Danke" sind bei uns selbstverständlich.	+2	+1	-1	-2
3	Wir begrüßen uns morgens mit einem Lächeln.	+2	+1	-1	-2
4	Bei uns herrscht manchmal eine Ellenbogen-Mentalität.	-2	-1	+1	+2
5	Wir haben selten Lobesworte für Kollegen untereinander.	-2	-1	+1	+2
6	Bei uns wird ab und zu auch der Teamleiter gelobt.	+2	+1	-1	-2
7	Wenn ich in der Freizeit über die Firma erzähle, spreche ich zu 90% (ehrlich sein!) Positives über die Kollegen.	+2	+1	-1	-2
8	Wir helfen uns gegenseitig, wenn Not am Mann ist.	+2	+1	-1	-2
9	Der Teamleiter hat besondere Lieblinge im Team.	-2	-1	+1	+2
10	Ich fühle mich in alle für mich wichtigen Dinge gut einbezogen.	+2	+1	-1	-2
11	Wenn etwas schief läuft, wird immer gleich ein Schuldiger gesucht, statt über die zugrunde liegenden Ursachen für die Probleme nachzudenken.	-2	-1	+1	+2
12	Bei uns wird auch schon mal vor versammelter Mannschaft kritisiert.	-2	-1	+1	+2
13	Jeder, der Feierabend hat, verabschiedet sich von den anderen.	+2	+1	-1	-2
14	Bei uns werden manchmal absichtlich Informationen nicht weitergegeben.	-2	-1	+1	+2
15	Ich fühle mich als Arbeitskraft von den anderen wertgeschätzt.	+2	+1	-1	-2
16	Ich fühle mich als Person / Mensch von den anderen wertgeschätzt.	+2	+1	-1	-2
17	Wir haben Leute im Team, die richtig schlechte Laune verbreiten.	-2	-1	+1	+2

do care!

Nr.	Frage	stimmt voll	eher ja	eher nicht	stimmt nicht
18	Einige scheinen wenig von anderen Kollegen zu halten, was sie z.B. mit geringschätzigen Blicken, Äußerungen oder zweideutigen Anspielungen deutlich machen.	-2	-1	+1	+2
19	Bei uns darf jeder seine kleinen Macken haben.	+2	+1	-1	-2
20	Wir muntern uns gegenseitig auf.	+2	+1	-1	-2
21	Wenn jemand unangenehm riecht, wird/ würde er nicht offen darauf angesprochen (stattdessen bekommt er zu Weihnachten ein Deo etc.).	-2	-1	+1	+2
22	Die meisten im Team interessieren sich nicht für das Privatleben der anderen.	-2	-1	+1	+2
23	Zu Geburtstagen wird bei uns gratuliert.	+2	+1	-1	-2
24	Unsere Sozialräume sind schon mal „versifft".	-2	-1	+1	+2
25	Unsere WC-/ Waschräume sind hygienisch nicht einwandfrei.	-2	-1	+1	+2
26	Wir haben jemanden im Team, der sich „für sich" hält, und das belastet das Klima.	-2	-1	+1	+2
27	Der Umgangston leidet manchmal in unserem Team.	-2	-1	+1	+2
28	Ich traue mich, bei besonderen Erfolgen den anderen davon zu erzählen.	+2	+1	-1	-2
29	Unser Team spaltet sich häufig in feste Koalitionen. Die Grüppchen untereinander tauschen sich kaum aus.	-2	-1	+1	+2
30	Bei uns wird unter Kollegen mehr über negative Leistungen als über positive gesprochen.	-2	-1	+1	+2
31	Wenn wir als Team einen Erfolg zu verbuchen haben, freuen wir uns gemeinsam.	+2	+1	-1	-2
32	Um Hilfe nachzufragen, wird als Schwäche angesehen.	-2	-1	+1	+2
33	Wenn jemand länger krank ist (> 10 Tage), haben wir Kontakt zu ihm (Karten schreiben, Anrufen etc., außer es wurde explizit das Gegenteil gewünscht).	+2	+1	-1	-2
34	Tuscheleien gehören bei uns zur Tagesordnung.	-2	-1	+1	+2

Nr.	Frage	stimmt voll	eher ja	eher nicht	stimmt nicht
35	Die anderen wissen, worauf ich stolz bin.	+2	+1	-1	-2
36	Ich weiß bei jedem Teamkollegen, wo seine Stärke liegt.	+2	+1	-1	-2
37	Wenn es einem Kollegen schlecht geht, springen die anderen bereitwillig ein (Dienste tauschen etc.).	+2	+1	-1	-2
38	Intrigen und Neid sind bei uns sehr verbreitet.	-2	-1	+1	+2
39	Als Neuer hat man es bei uns nicht leicht, sich einzugliedern und akzeptiert zu werden.	-2	-1	+1	+2
40	Wir haben immer ein offenes Ohr für einander – auch wenn es um Privates geht.	+2	+1	-1	-2

Addieren Sie die Punkte bei folgenden Fragen: 2, 3, 13, 21, 23, 24, 25, 27, 33, 34
Summenscore in der Dimension Respekt vs. Missachtung   = _____

Addieren Sie die Punkte bei folgenden Fragen: 4, 7, 8, 14, 17, 20, 22, 28, 32, 37
Summenscore in der Dimension Unterstützung vs. Einzelkämpfertum   = _____

Addieren Sie die Punkte bei folgenden Fragen: 1, 9, 10, 19, 26, 29, 31, 36, 38, 39
Summenscore in der Dimension Zusammenhalt vs. Ausgrenzung   = _____

Addieren Sie die Punkte bei folgenden Fragen: 5, 6, 11, 12, 15, 16, 18, 30, 35, 40
Summenscore in der Dimension Wertschätzung vs. Ablehnung   = _____

Tragen Sie die Summenscores der 4 Dimensionen als Balken ins Profil ein:
Bei Extremwerten verwenden Sie bitte die untere Skaleneinteilung: Max. +20, Min. –20;
bei „homogeneren Werten" [Max. +10, Min. –1] die obere!

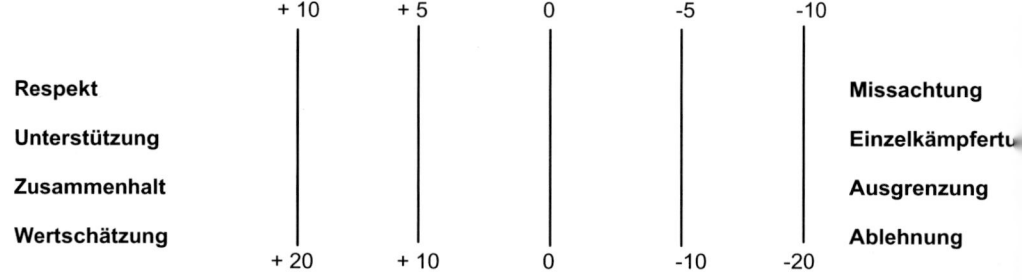

Team-Scores ermitteln:
Addieren Sie die Werte über alle (anonym!!!) ausgefüllten Dimensionen,
so dass Sie sehen können, wo das Team insgesamt seine Stärken sieht!

Gesundheit am Arbeitsplatz ist (auch) ein Gemeinschaftswerk. Der einzelne trägt eine Verantwortung zur Erhaltung seiner Arbeitskraft (im Grunde sogar laut Arbeitsvertrag), und der Betrieb leistet ebenfalls seinen Beitrag dazu, dass alle Beschäftigten gesund bleiben und gesund in Rente gehen können. Diese Zusammenarbeit wird dann gut funktionieren, wenn beide Seiten Hand in Hand arbeiten. Wertschätzung fungiert dabei als Düngemittel. Die (Unternehmens-)Leitung muss glaubwürdig signalisieren:

auch der einzelne trägt Verantwortung für seine Gesundheit

> *„Deine Gesundheit liegt uns am Herzen,*
> *denn DU bist uns wichtig, und natürlich auch deine Arbeitskraft.*
> *Wir trauen dir zu, dass du die Verantwortung für deine Gesundheit übernimmst;*
> *und wir wissen, dass wir ebenfalls Verantwortung für deine Gesundheit tragen,*
> *und deshalb wollen wir dich nach Kräften unterstützen.*
> *Wir wollen, dass du dich an deinem Arbeitsplatz wohlfühlst."*

Was das Unternehmen tun kann – Beispiele:

Welche von diesen Punkten könnten Sie ausprobieren? (ankringeln)

– Sozialberatung hausintern anbieten oder als EAP extern einkaufen
– Sozialräume ansprechend gestalten
– Dank-Aktionen durchführen
– Pausengestaltungsmöglichkeiten (Apfelecken) anbieten
– Diversity pflegen (z.B. Kulturwochen; Führen von Leiharbeitern)
– Weiterbildung auch für über 55jährige anbieten
– Kollegiale Beratung als Instrument einführen
– das TransferWerk oder andere Wege zum Wissenstransfer nutzen
– Rituale einführen, um Erfolge zu feiern und alle teilhaben zu lassen
– Betriebliches Gesundheitsmanagement (BGM) einführen
– Mobbing-Beauftragte / Mediatoren ausbilden lassen
– Fortbildungen und Weiterbildung anbieten
– ein Leitbild entwickeln mit möglichst vielen Beteiligten
– den Vorstand zum Kennenlernen zu Kaminabenden einladen
– Seminare zu Wertschätzung oder Gewaltfreier Kommunikation bieten
– frühzeitige Infos und maximale Transparenz ermöglichen
– Mitbestimmung in vielen Formen / Partizipation intensiv ermöglichen
– Vertrauen zum Ausdruck bringen

Insgesamt:

– Menschen von ihrer Arbeit berichten lassen
– Menschen ihren Anteil am Ganzen spüren lassen
– Menschen ihren Anteil am Ganzen zeigen lassen
– Menschen eine Chance geben, sich mit ihrer Arbeit zu identifizieren
– Menschen fragen, wie und was sie arbeiten möchten

Was fällt Ihnen sonst noch ein? (ggf. als Ergebnis aus dem Planspiel)

Wie können Sie fortan Ihre Meetings positiver gestalten?

....

....

*Grundbedürfnisse
(be-)achten!*

Besprechungen positiv gestalten

Starten Sie mit Emotion! >> „Ich freue mich …"

Starten Sie positiv! (z.B. „Bericht der Heldentaten")

Nicht zur Mittagszeit starten!

Bedürfnisse achten: Wasser, Frischluft etc.

Keine Beschwerde zulassen ohne Änderungsvorschlag!

VW-Regel beachten: Keine Vorwürfe, sondern Wünsche

Wenn's schnell gehen soll: Meeting im Stehen!

© Dr. Anne Katrin Matyssek   www.do-care.de

Fragen für Meetings, um den Blick aufs Positive zu lenken:

–   „Was hat in der letzten Woche gut geklappt?"
–   „Was läuft gut?" (Zusammenarbeit, Prozesse, Kantine, Betriebssport)
–   „Wer hat sich über etwas gefreut?"
–   „Was könnte noch verstärkt werden?"
–   „Wer kann über eine/n andere/n etwas Positives berichten?"

Meckerdiät

Manche Teams haben auch das sogenannte Meckerfasten einge-
führt: bewusster Verzicht auf negative Äußerungen. Vielleicht wäre
das auch etwas für Ihr Team?

Was auch immer Sie vorhaben: Ich wünsche Ihnen viel Erfolg! ☺

Service-Angebote der Autorin

zur Person: **Dr. Anne Katrin Matyssek**

Jahrgang 1968, Diplom-Psychologin und approbierte Psychotherapeutin

seit 1998 tätig als Rednerin, Trainerin und Beraterin zu Betrieblichem Gesundheitsmanagement für Verwaltungen und Firmen der freien Wirtschaft zum Thema:

Gesundheitsgerechte Mitarbeiterführung durch
Wertschätzung im Betrieb

Autorin mehrerer Bücher

Referenzen finden Sie unter: www.wertschaetzung-im-betrieb.de

Ich freue mich, wenn Ihnen dieses Buch gefallen und Sie unterstützt hat. Weitere Infos und Anregungen finden Sie auf meiner Website: **www.do-care.de**.

Dort können Sie auch gern meinen **kostenlosen Infobrief** abonnieren. Er erscheint alle 2 Monate als e-Mail und enthält Videos, Audios und Lesenswertes zu jeweils einem Thema.

kostenloser eMail-Infobrief

Und meine wöchentlich – montags morgens um halb zehn – erscheinenden **Podcasts** (auch kostenlos) empfehle ich Ihnen selbstverständlich ebenfalls. Natürlich können Sie die Podcasts anhören, wann immer Sie wollen, aber wenn Sie sie direkt bei Erscheinen gemeinsam im Team hören, starten Sie gemeinsam gut gelaunt in die neue Woche.

kostenlose Podcasts (wie Radio)

In meinem **Shop** www.mehr-wohlbefinden-im-job.de können Sie die CareCards sowie Bücher und weitere Materialien erwerben.

Bücher, CareCards und mehr im Shop

Von Herzen alles Gute wünscht Ihnen

Ihre Anne Katrin Matyssek

Weitere Bücher und Angebote der Autorin

Den Online-Shop finden Sie im Internet unter www.mehr-wohlbefinden-im-job.de.

Führung und Gesundheit. Ein praktischer Ratgeber zur Förderung der psychosozialen Gesundheit im Betrieb.
ISBN 978-3-8391-0639-6
do care! 2010 – 2. Auflage – 22,90 € (D)

Gesund Führen.
Das Handbuch für schwierige Situationen.
ISBN 978-3-8391-4849-5
do care! 2010 – 18,80 € (D)

Pilates für die Psyche. Wie Sie trotz Arbeitsbelastungen gesund bleiben.
ISBN 978-3-8370-6985-3
Paperback, 52 Seiten – € 8,99 (D)
do care!, Düsseldorf 2008

Anmerkung: Es geht nicht um Pilates, sondern um einfache verhaltenstherapeutische Tipps für eine starke Psyche.

Abschalten lernen in 3 Wochen.
CD plus Begleitheft (24 Seiten)
2. Auflage Dezember 2008
ISBN 978-3-00-026020-9
do care! 2008 – 24,95 € (D)

Weitere Bücher (Auswahl):

- **Wenn der Chef krank macht,** 9,90 €
- **Selbständig als Gesundheitspsychologin** 22,90 €
- **Führungsfaktor Gesundheit** 19,90 €
- **Chef, Sie haben ein Super-Team!** (gebunden m. Umschlag) 19,90 €
- **Mensch, mach' mal Pause!** 5,00 €
- **Mensch, sei mal stolz auf dich!** 5,00 €
- **Mensch, sag' mal NEIN!,** 5,00 €

Danke! Mensch, sind wir froh, dass Sie bei uns arbeiten!
ISBN 978- 3839-17045-8
do care! 2010 – 5,00 € (D)

Auch die im Buch beschriebenen **CareCards** im Kreditkartenformat (PVC; 0,75 mm dick) können Sie online bestellen unter: www.mehr-wohlbefinden-im-job.de.

Außerdem gibt es viele Auftragsarbeiten von mir: Bücher, Trainerleitfäden und Booklets, die ich für Kunden geschrieben habe. Diesen Bereich würde ich gern ausbauen. Wenn Sie gern eine firmenbezogene Publikation zum Themenkomplex „Gesund führen" oder „Wertschätzung" hätten, sprechen Sie mich einfach an! Und natürlich auch für Vorträge zu diesen Themen.